名家设计速递系列

零售设计

FAMOUS DESIGN EXPRESS SERIES

RETAIL

◎ 北京大国匠造文化有限公司 编

U0307382

中国林业出版社

图书在版编目（ＣＩＰ）数据

名家设计速递系列. 零售设计 / 北京大国匠造文化
有限公司编. -- 北京：中国林业出版社, 2018.6

ISBN 978-7-5038-9588-3

Ⅰ. ①名… Ⅱ. ①北… Ⅲ. ①零售商店－建筑设计－
图集 Ⅳ. ①TU206

中国版本图书馆CIP数据核字(2018)第119643号

——

中国林业出版社·建筑分社

策　　划：纪　亮
责任编辑：纪　亮　王思源　樊　菲
装帧设计：北京万斛卓艺文化发展有限公司

——

出版：中国林业出版社
（100009 北京西城区德内大街刘海胡同7号）
网站：http://lycb.forestry.gov.cn
电话：（010）8314 3518
发行：中国林业出版社
印刷：北京利丰雅高长城印刷有限公司
版次：2018年6月第1版
印次：2018年6月第1次
开本：1/16
印张：6.25
字数：100千字
定价：99.00元

目录
CONTENTS

FAMOUS
DESIGN
EXPRESS
SERIES
RETAIL

Retail

零售空间

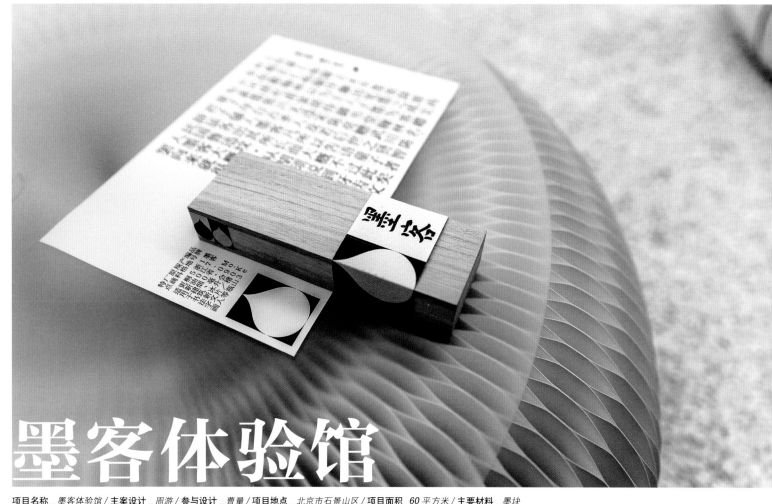

墨客体验馆

项目名称_墨客体验馆 / **主案设计**_周游 / **参与设计**_曹量 / **项目地点**_北京市石景山区 / **项目面积**_60 平方米 / **主要材料**_墨块

我们将墨客体验馆的四个空间分别打造成嗅、听、触、味的体验场所，并结合强烈的视觉冲击力将墨客的品牌理念从多个维度传达给消费者。

在听觉空间中，整个空间的地面铺满了墨块和鹅卵石。当顾客一踏入这个空间，便会听到墨块摩擦和撞击的声音。同时墙面上的幻灯将播放墨水的动画，使得顾客可以在同一时间感知到固态墨和液态墨的听觉形象。而两侧墙面上的镜面也使得原本狭小的空间得到延伸。

通过对墨客品牌的市场定位，我们将主要消费者锁定在"新文人"。他们喜欢传统的中国文化，但也接受最新潮的新鲜事物。所以我们在触觉空间内部悬挂大大小小不同的中文笔划，将这里打造成一个新中式的纹身馆。并通过纹身的方式，让墨客的产品与消费者做到更深层的接触。 最后的味觉空间是顾客的聚落场所，整个空间采用白色作为主要色调。

该项目中除了空间设计之外，我们也为墨客完成了 VI 设计和物料制作。我们选取环保纸作为主要材料来制作名片、信纸、包装等物料。环保纸是一种以废纸为原料，其原料的 80% 来源于回收的废纸，因而被誉为低能耗、轻污染的环保型用纸。选用这样环保的材料更加体现了墨客品牌的社会责任感。

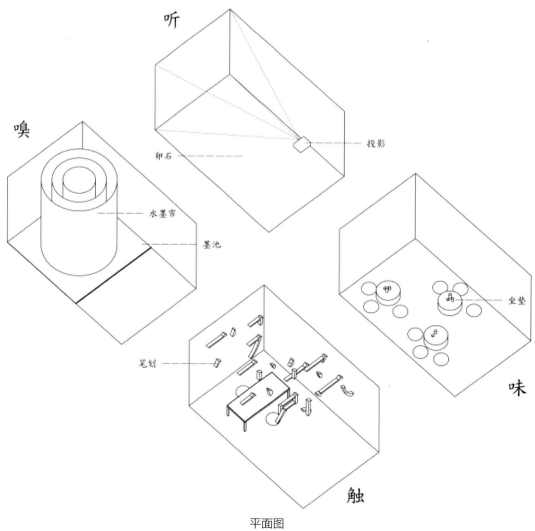

听

嗅

投影

卵石

水墨帘

墨池

笔划

坐垫

触

味

平面图

Grand Gourmet 旗舰店

项目名称 _Grand Gourmet 旗舰店 / 主案设计 _ 王振飞 / 参与设计 _ 王鹿鸣 / 项目地点 _ 上海市静安区 / 项目面积 _163 平方米 / 主要材料 _ 金属材料铜

作为 GRAND GOURMET 品牌的旗舰店，需要为品牌树立独有的高端形象，与众不同，这里不仅是品牌的销售中心，同时还是展示中心与交流中心，定期举办的高端食品品尝和讨论活动为品牌扩展稳定的客户群体，也持续传达健康美味饮食方式的理念。

结合了传统的手工艺和当今最前沿的数字建造技术，设计师创造出了当代语境下的优雅华丽风格，很好地衬托了鹅肝酱世界高端美食的地位，店铺的设计结合了最前沿的设计和制造手段以及最传统的手工艺，店铺设计由特殊为其编写的计算机程序生成，六边形分型的几何规则组织了店铺所有功能，同时给了店铺很强的辨识性，最尖端的数字技术被用来制作店铺，如 3D 打印，激光切割，3D 雕刻等等。为了表达对纯手工鹅肝酱的尊重，很多传统手工艺也被应用，比如纯手工镶嵌铜丝水磨石地面，纯手工打磨的铜板，纯手工翻模铸造的展台等等，手工金属与石材的结合赋予店面华贵的气质，给人温暖的感受，同时烘托手工鹅肝酱在食品界的高贵地位。

空间十分灵活，东侧以展示区为主，中部六角大铜桌则兼具展台功能以及举办美食活动时的餐桌功能，西侧为吧台区，平时供客人品尝鹅肝酱美食使用，举办活动时则为吧台区和操作展示区。厨房及办公则位于整个店铺的最西端，整体店铺空间布局分区明确但同时空间具有很强的流动性，可以适应不同的活动需求。

选用环保的金属材料铜作为主材之一，手工打磨的铜板衬托出鹅肝酱的华丽气质，手工镶嵌铜条的水磨石地面也是为店铺特殊打造，顶部使用的 GRP 也是利于造型的环保材料。

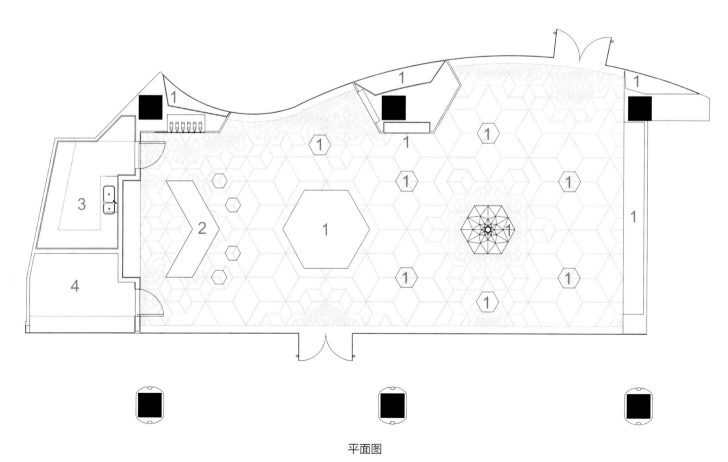

平面图

英国鲁伯特·桑德森

项目名称 _ 英国鲁伯特·桑德森 / **主案设计** _ 陈纪中 / **参与设计** _ 蔡曜牟 / **项目地点** _ 中国台湾 / **项目面积** _105 平方米 / **主要材料** _ 金属

品牌形象塑造是现在所有从事设计艺术工作者最关心的题材之一。 其中最热门的话题总是围绕着如何在通过对于品牌的了解去加以分析并且创造一个独一无二的元素来突显品牌自身价值。一个成功品牌的背后除了商品、故事与文化的核心元素之外，设计的价值即在于如何充分地了解这些元素并且能够透过特殊专业手法来加以诠释给观众。这些元素则在设计师的解读之下逐渐成型而透过各种不同尺度的设计物件来表现与反应该品牌的艺术核心价值。

设计的灵感来自于 R.SANDERSON 本身的产品亮点，高跟鞋。当设计师开始想象，研究，理解与分析品牌的价值与故事，很自然的，高跟鞋本身工艺的轮廓与优美的弧线成为了空间建筑设计的重要语言之一。当透过分析与研究得出的结论之后，剩下的空间参数也会依照这个设计原则而找到方向。设计师引用了参数设计的思考模式研究产品与用户之间的互动而给出比例数据，进而套入使用者在空间内如何走动、触摸、观赏与购买产品的整套商业流程。在这个过程中，材质比列透过木皮的延续性和流动性间接地牵引了使用者在空间内走动的速度与视觉的延伸。整个空间布局为单一方向的循环性的动线布局。为了严格遵守一开始的品牌定位概念，空间整体布局也是依照高跟鞋本身的尺度定位来决定入口、展示区、过渡区，以及 VIP 区域。

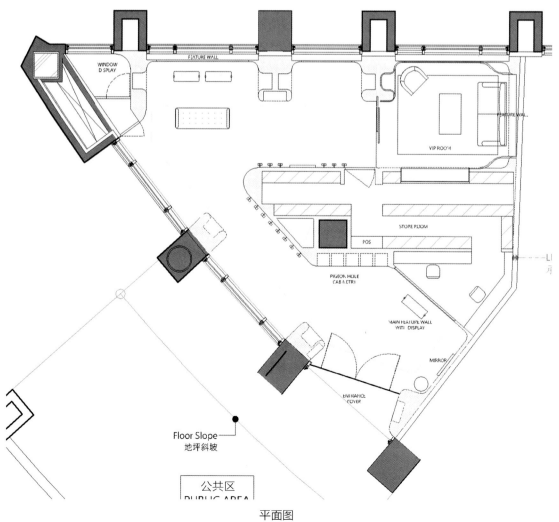

Floor Slope
地坪斜坡

公共区
PUBLIC AREA

平面图

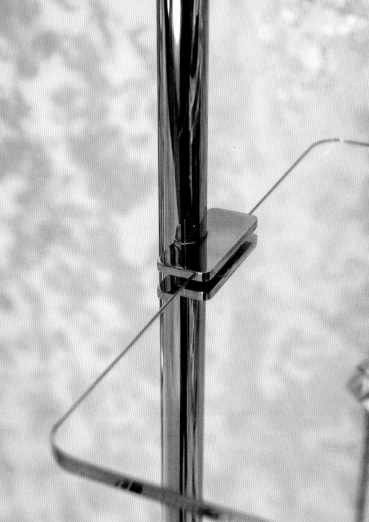

圣安娜生活空间

项目名称 _ 圣安娜生活空间 / **主案设计** _ 叶瑞强 / **参与设计** _ 庄巧萍 / **项目地点** _ 福建省厦门市 / **项目面积** _1200 平方米

圣安娜生活空间处于现代严谨，快节奏的商业办公区，室内空间以简朴、舒适、随意的特点，同时强调返璞归真的生活状态，运用简约的设计，营造出舒适悠远的韵调给人很强的吸引力，简洁的设计方式使得设计的结果无论立体还是平面空间都显得十分精炼，展现一种生活的最初的本真状态。

席坐煮茗，品味茶香，人生如禅茶，香自沉浮来，在沉沉浮浮中，选择了清淡和超然，简单而豁达的生活态度。朴素、随意的办公环境空间，展现出的是一种朴素、简约之美。

空间运用了互动的手法，让空间与空间之间相互交流，楼上与楼下之间不在是孤立的空间，让它们之间有了联系。在严谨、快节奏的商业办公环境中，让顾客在恬静怡然的空间最能让躁动的心沉静下来万物终归宁静，心静了，便能泰然面对一切，内心得以宁和安然，静如止水。

体现出时代、生态、环保、智能、设置、中央净水，软水，新风系统，地热系统，中央空调，声光等智能设计系统。

一层平面图

海口新城吾悦广场

项目名称 _ 海口新城吾悦广场 / **主案设计** _ 陈诚 / **项目地点** _ 海南省海口市 / **项目面积** _ 20911 平方米

设计灵感来源于大自然，以水的柔美线条作为贯穿整个商场空间的主打元素，再以水滴状的造型，排列组合点缀，与之相结合，营造浪漫的空间氛围，提高顾客购物的体验感。

主入口的天花以北斗七星的形式呈现，犹如银河一般，成为整个商场的记忆点。

合理设置"慢空间"，引导并吸引受众，衔接起来产生最适动线。

分析当地的气候与文化特色，"就地取材"与结合新型环保材料呈现最优效果。

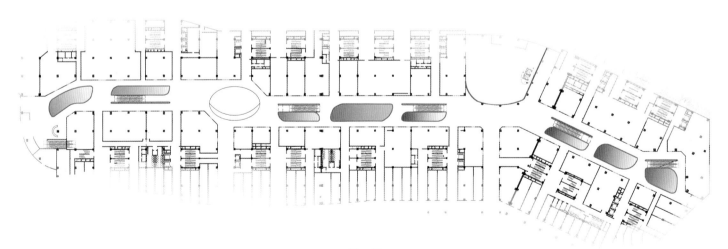

平面图

MINZE-STYLE 名师汇

项目名称 _MINZE-STYLE 名师汇 / 主案设计 _ 何华武 / 参与设计 _ 刘任玉 / 项目地点 _ 福建省福州市 / 项目面积 _1200 平方米 / 主要材料 _ 钢板

"MINZE-STYLE"一直是中国时尚潮女装行业领先性品牌，他继承著意大利时尚传统魅力设计风格，结合东方大都市女性的形体美及世界各地不同流行元素。

"MINZE-STYLE"时尚女装突显大都市国际化品质和中西兼容的文化格调，个性而不张扬，时尚传承经典，经典与灵魂的结合。

内部空间希望呈现一种原始野性的魅力，采用钢制的表皮带来一种现实感。这种"直白"式的架构材料，空间所形成的直接性与朴素性，加上大尺度的钢板落地产生的力量感或轻盈感，使整个空间与原有场地建筑取得一种时间与空间的接续关系。利用"拱"多变的空间特性，产生不同的空间，打破了均质的体验。这是一个回忆的过程，再一次将建筑的体量与空间对话，越是简单的形体逻辑，越能给人带来深刻的印象，弧拱曲线柔和，呈现不同角度的美感。

我们试图转化传统"拱"，让"拱"在均质呆板的现代空间上制造新的突破，获得自然能量并把它转化为空间秩序。浓烈的空间美感，显示该品牌的重要意义。弧拱同空间一、二层相连，创建出有趣的空间状态，吸引顾客的好奇心。

纤细的木屏风结合货架矗立在边界处，渲染了空间和室内饰面的丰富多样性，建筑元素显露材质原始的质感，烘托服装的品质，这种手法为整个店铺灌注纯粹的气氛，隐喻品牌的精神。天井楼梯释放出不同光影效果，使整个空间与建筑取得一种时间与空间的对话。

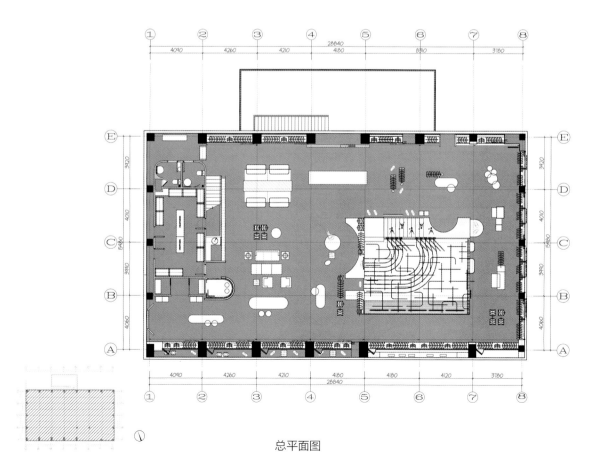

总平面图

境·趣

项目名称 _ 境·趣 / 主案设计 _ 何启林 / 参与设计 _ 孟繁峰 / 项目地点 _ 江苏省南京市 / 项目面积 _500 平方米 / 主要材料 _ 洗石子

卡迈砖展厅前几年早有所涉及，这次客户又找到我们，希望打破样板间霸占砖展厅的传统模式。这些年国内外大大小小的砖品牌展也看过许多，但脱离了传统的样板间，如何彰显砖的质感，又能让消费者很直观地感受整体铺贴效果呢？

我们把"境·趣"的概念引了进来。"境·趣"可以理解为创造一个有趣味的环境。我们希望客户在展厅中看到的不是一间一间的卫生间和厨房，而是一个个有趣味的小情境。不需要一间房，可能一面墙就能很好地展示出砖的质感和铺贴效果。同时也增加了出样量，给消费者更多的可能性。但如何处理好每个小情景，每个情景搭配与此相呼应的系列产品，需要琢磨。

一个好展厅的规划设计在于人流动线的设计。本案位于商场的核心位置，四面通流，两面朝内两面朝外。如何引流，我们考虑了很多，对于入口的选择，以及入口的造型设计都下了一番功夫。朝内的两面是主人流区，解决主入口，朝外的两面更多的考虑店面宣传。半入式异型入口，打破空间的规整性，吸引人流。展厅内部人流动线采用环绕式，便于消费者选样和导购引导。休闲等待区分散在展厅的每个角落，不同的休闲方式，不一样的趣味。

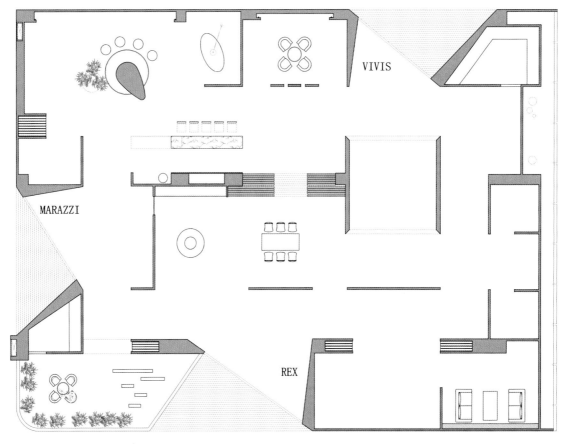

平面布置图

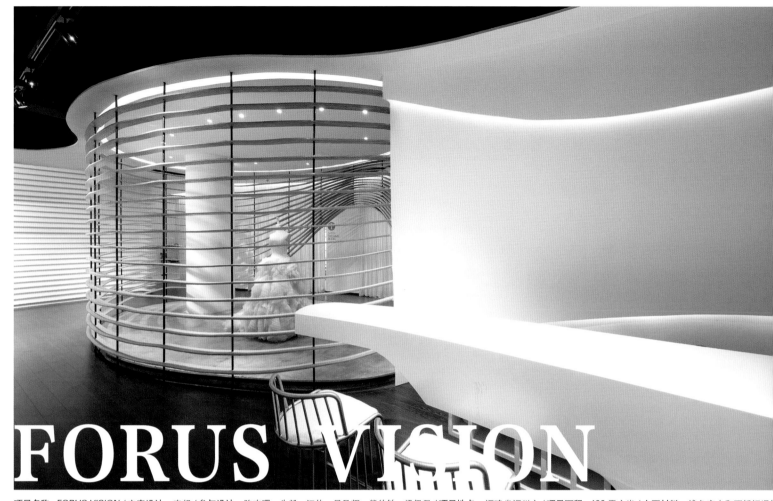

FORUS VISION

项目名称 _FORUS VISION / 主案设计 _ 李超 / 参与设计 _ 陈志曙、朱毅、江伟、吴圣辉、熊佳敏、梁伊君 / 项目地点 _ 福建省福州市 / 项目面积 _429 平方米 / 主要材料 _ 浅色实木和不锈钢泥板、砚石、黑钛、橡木、硅藻泥、木纹铝合金

设计师运用婚纱随风飘逸时呈现的流动曲线，以温暖柔和的原木色调呈现，就像一对即将步入婚姻殿堂的新人，柔软而美好。

在新郎掀起新娘头纱亲吻的那一瞬间，摄影师按下快门记录幸福，而正是这一幕，给本案设计师带来了无限灵感。飘逸灵动的头纱，被转化为流畅的线条，层层叠叠的婚纱，被运用到室内的结构上，结合空间的廓形变化和材质变化，制造出律动柔美而流畅的视觉感受。

光与线，线与面在空间中相互叠加、交错，空间的灵动在平衡与失衡之间被组合结构，再而重新定义。新人们在这里用影像记录幸福瞬间，也从这里携手爱人，带着对美好生活的期待，一起奔向人生的下一段旅程。

空间构成主要采用了浅色实木和不锈钢材质这两种元素，运用简洁、朴实的设计语言描绘出空间的幸福感，置身其中，仿佛可以感受到蕾丝薄纱的轻盈浪漫，更有温暖舒适的安全感。

整个风格非常适合当下，设计元素的运用也符合店铺的主题，非常棒的一次合作。

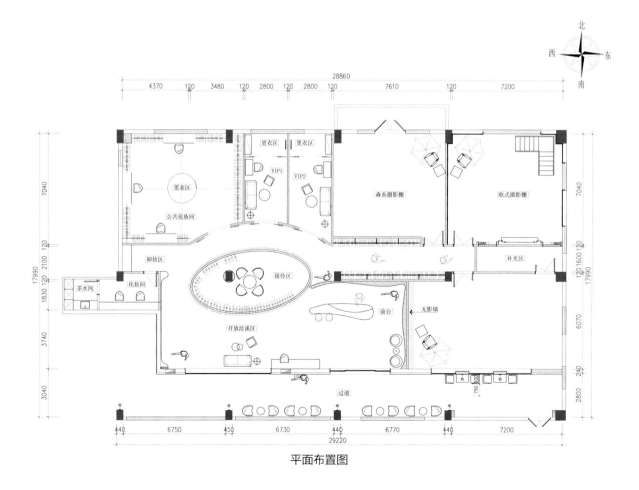

平面布置图

爱丽宫珠宝定制中心

项目名称_爱丽宫珠宝定制中心 / **主案设计**_胡迪 / **项目地点**_安徽省合肥市 / **项目面积**_220 平方米 / **主要材料**_不锈钢、白色大理石

此案一改传统珠宝店的奢华绚丽风格，过于商业化的格调，业主的理想是打造"一个不像珠宝店的珠宝店"。

设计师以建筑的语言，通过独特的解构，创造出与众不同别具一格的展示空间，以朴素自然的方式表达珠宝出自天然的理念。

在不到两百平方米的空间中，以建筑的语言创造出有趣的空间关系，划分出四个体块，分别展示不同类型的艺术品，内部结构高低错落有致，层层展开，循环往复，动静分区，水系与景观贯穿其中，意境无穷。

采用仿铜不锈钢、白色大理石、天然面石材、榆木板、色调简约、营造低调而奢华的环境，衬托出珠宝的绚丽华美。

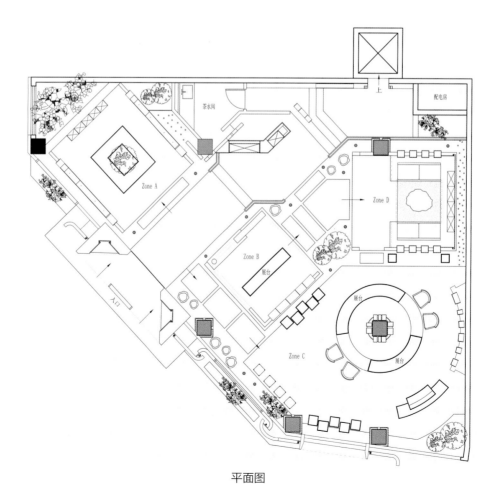

平面图

荟所 vigourspace

项目名称 _ 荟所 vigourspace / **主案设计** _ 王海 / **参与设计** _ 姚伟国、苏阳、陈颖 / **项目地点** _ 江苏省无锡市 / **项目面积** _ 1200 平方米 / **主要材料** _ 水磨石、面包砖、水曲柳

新零售体验业态。

区别于传统零售业形象，建立一个轻松、体验共享的新消费环境。

削弱主动线的布局，让公共空间和产品体验融为一体。

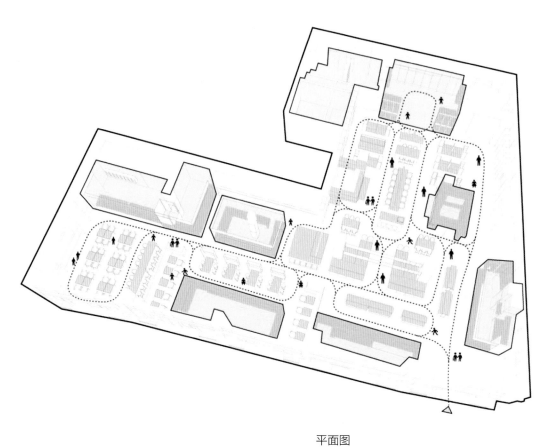

平面图

展示/交流
活动区域
‥‥‥ 流线
△ 主入口

木德木作欧洲生活馆

项目名称 _ 木德木作欧洲生活馆 / **主案设计** _ 宛佩 / **项目地点** _ 湖北省武汉市 / **项目面积** _710 平方米 / **主要材料** _ 素水泥

木德木作智能家居全屋定制服务，以倡导欧洲生活、欧洲居家高品质的生活态度，体现自然与理性的特点。整体以舒适自然北欧风格的中性色调，搭配木制家居，更好地放大产品自身特性。

室内空间的天、地、墙摒弃过多的装饰手法，以大体块的结构关系对功能做了分区，既保证整体的协调性，又突显乐趣，激发客户情景体验及探索，力求产品价值最大化。

空间布局意图打破无序格局，以大空间形式体现都市快节奏的生活，大空间形态以切角及线面连续性叠加、交融变幻的形式，形成极富有视觉张力的多功能开放空间。形式上简洁、功能化且贴近生活，舒适更富有人情味。

主要以素水泥，刷漆壁布，玻璃等朴实的材料配合产品，集成板的生态环保，满足了人们既想要亲近自然，又注重环保的设计需求。

平面图

项目名称 _magmode 名堂 / **主案设计** _ 刘恺 / **项目地点** _ 浙江省杭州市 / **项目面积** _600 平方米 / **主要材料** _ 水磨石、黄铜、真皮、乳胶漆

品牌有多种的表达方式，有单一调性的表达，也有多元化的呈现，这点和杂志相仿，杂志有统一的调性与价值观，通过不同的内容与读者建立联系，而品牌通过不同的产品与顾客建立联系，其中的逻辑性、更新性、连续性均有共同点。magmode 是一个多设计师的集合品牌，需要统一的概念来表达整个品牌的逻辑，RIGI 在 magmode 的设计中，希望在终端中建立一个新的概念——立体的杂志，可以阅读的店铺。

RIGI 将空间的不同功能区定义为杂志的不同板块，店招就是一个品牌的封面，而入口有一个当季设计的目录区，每一个展示区被定义成不同的页面，像杂志一样在空间中提供不同的内容，及时更新的概念无处不在，品牌背景墙被定义成杂志的当季简介，这一切的设计构成了一个统一的概念，一种统一的多元。

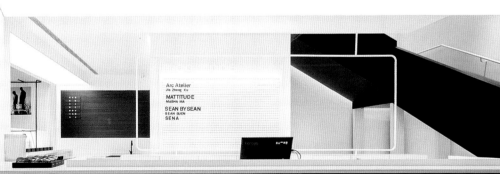

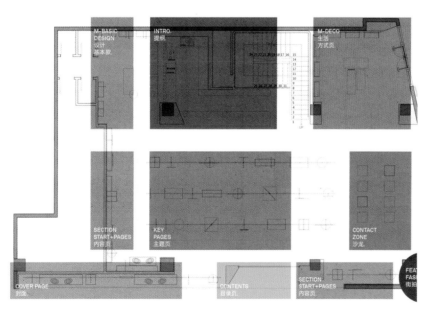

平面图

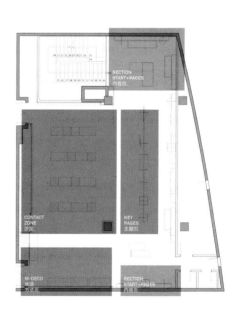

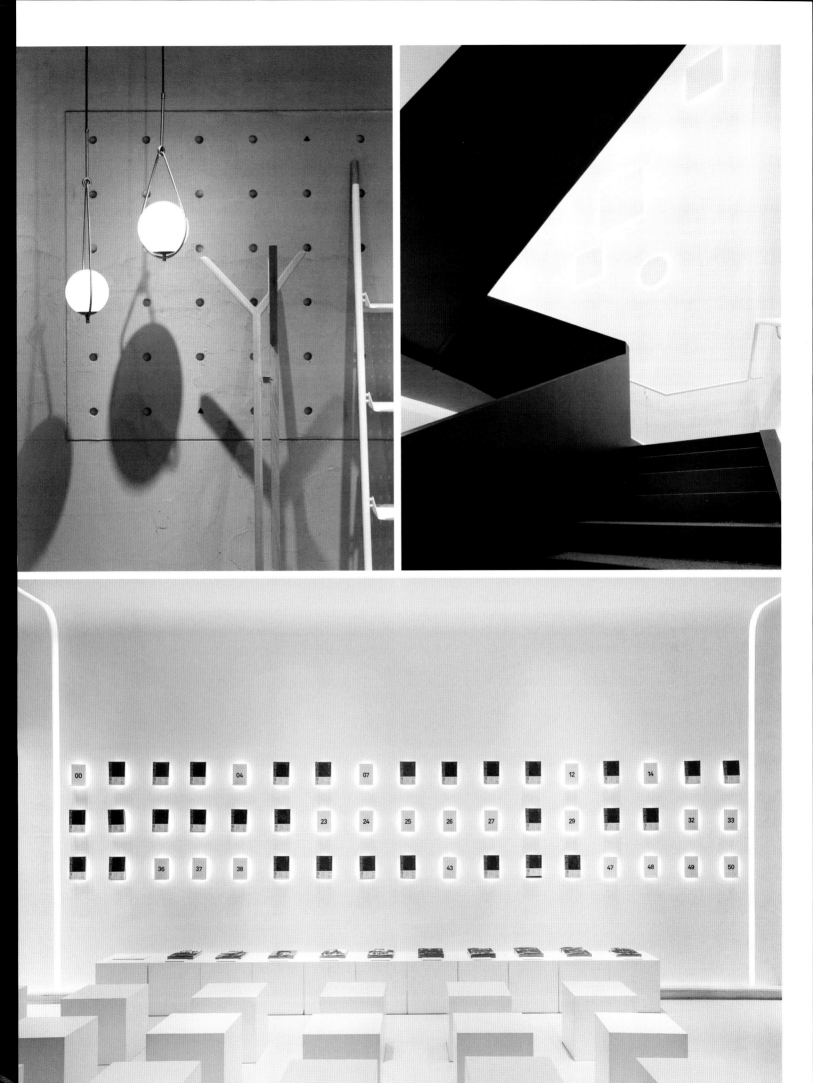

Lava——
平客燃木壁炉展示

项目名称 _Lava——平客燃木壁炉展示 / **主案设计** _孟繁峰 / **参与设计** _席冬 / **项目地点** _江苏省南京市 / **项目面积** _300平方米

其实我们的概念是两条线带来的灵感，一条源自那片东倒西歪的树林，我忽然想起我住过的酒店"蓬家森林"打开落地门算是茂密的树林。我希望这个项目是一个室内空间与室外空间对话的空间，另一条则是熔岩——LAVA，那熊熊燃起的火焰犹如火山喷发后流淌的熔岩，四周是黑色的火山灰，而滚烫的熔岩是如此慑人内心。最终案子是围绕着这两个感觉合成了这个案子。

建筑在原有的基础上，我们做了新的构架。以"遮南挡北，吞东围西，连通主体"的思路将南侧规划的停车场一侧的窗体全部遮蔽，北侧尚未租出的建筑用景观的方式做了遮挡，东侧茂密的树林，删减杂草朽木，覆盖污水沟形成一侧能呼吸的外院。西侧的灯光球场对室内的影响也是巨大的，我们建起了围墙，遮挡了项目与园区的沟通，自成一个体系。第二步是将两个独立的盒子以中庭的形式连通起来，形成一个完整的主体，你中有我，我与你存在距离，同时产出了一个共有的庭院。结构的重新组合形成了三庭、二厅、一廊、一花园的构架，整个建筑内侧被完全打开，空间完全释放，整个外围被完全封闭，不受干扰。

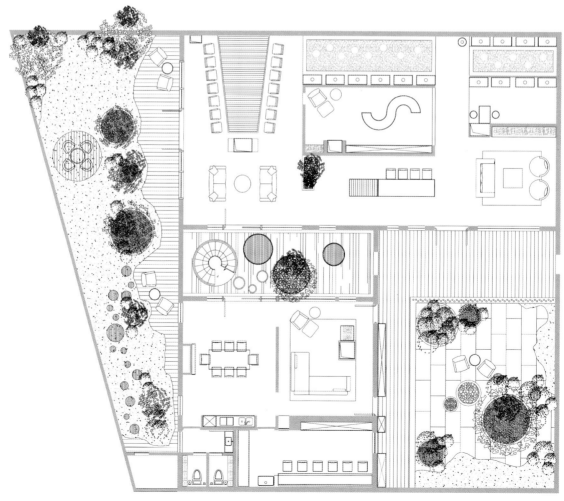

平面图

国酒茅台黄瓷瓶深圳旗舰店

项目名称_国酒茅台黄瓷瓶深圳旗舰店／**主案设计**_申倩／**参与设计**_高雄／**项目地点**_广东省深圳市／**项目面积**_47平方米／**主要材料**_钢化玻璃

茅台——百年传统形象深入人心：作为茅台新升级产品，必须有延续茅台文化脉络，并且颠覆百年茅台零售店形象，把茅台黄瓷瓶体验店打造成为中国酒类奢侈品展示空间，只展示不零售。

方寸之间，运用中式太极空间设计手法，方寸空间交错回旋的极致运用。入户长廊、空中花园、展示空间、客户休息区、前台、卫生间、楼梯、二楼VIP品酒区、茶水吧、两个货物储藏空间。十个功能空间高低、错落、借位、融合、形成完美空间。一层入门门厅，印章为设计灵感，方正极简，地面光带好似月光照在湖面上，水气烘托空间的朦胧感，正面光带映衬下那一尊茅酒神圣，但却触手可及。右边那一轮明月让空间顿显灵气。门厅的左边隐形门内设计了大面积的柜体储藏空间，让几平方米的空间功能、美观、意境、艺术融为一体。设计师充分利用门厅上方的空间设计成为空中花园，让空间多了一个世外桃源般生态空间。门厅位置的穿插，二层品酒区鸟笼从天而降。二楼品酒区域4米的跨度，设计师巧用反吊梁的钢架结构从顶面处理反吊承重的问题，取消承重柱，保持了空间的完整性。原建筑不规则的异形空间在圆形鸟笼阁楼的设计中，显得圆满合适。

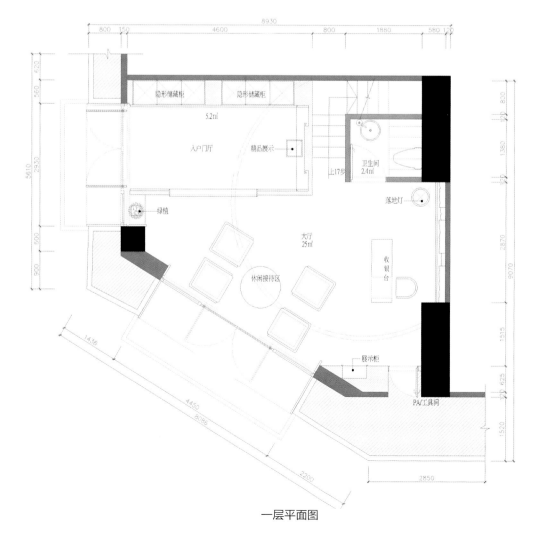

一层平面图

SERIP 灯具展厅

项目名称 _SERIP 灯具展厅 / **主案设计** _ 王继周 / **项目地点** _北京市朝阳区 / **项目面积** _430 平方米

打破传统规则的束缚，将极简主义、现代、古典等各种风格完美融合在它的设计里面，它带给我的感觉是那么的梦幻，浪漫与使人惊艳的缤纷。

展厅设计其实是展示设计的一种，它综合了人与物和场地之间最佳空间关系。

我们利用这束光将空间切成黑与白，两种极端的彩色既是矛盾又是统一的，我进行一番组合之后，使它们的边界与那一束光相齐，达到最必然和最终极的一种形态，让 SERIP 灯具在白天与夜晚的效果与魅力可以在这里同时展示。而在建筑外立面，我们用了切片的形式在外立面把整个建筑隐藏起来，没有再去强化建筑本身，而是用切片隐藏了建筑主体。白颜色的切片形成了这个园区的主视点，当阳光洒下来，根据时间的变化，切片形成的光影也随之转变。而且这个造型是没有明显的入口的，完全统一的造型，让整个展厅形成它的一个独立性。黑区与白区里，我们根据 SERIP 的产品创造了些人造光，黑区放置了一些水晶灯，可以将灯本身的价值与在空间中的光感体现的淋漓尽致；白区则是放置了一些造型也很好看的灯，这些以独特手工吹制的玻璃艺术品的灯具在这里得到了完美展示。

我们找来与之气质相符的动物图像，放入灰色墙体内部，来营造一个梦幻的气域与气场。采用自然光，最大程度采用现有环境的物理因素，而不是人为添加过多因素。

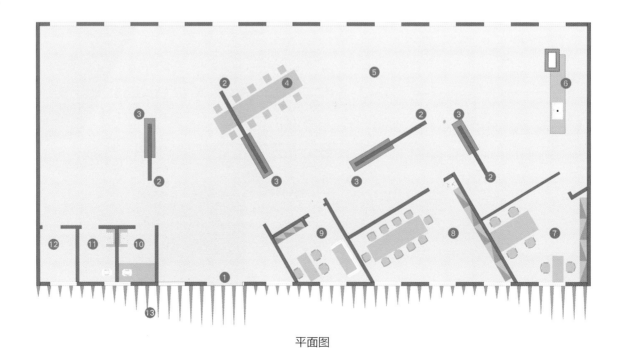

平面图

十里河居然之家
IMOLA 陶瓷空间设计

项目名称 _ 十里河居然之家 IMOLA 陶瓷空间设计 / **主案设计** _ 孙传进 / **参与设计** _ 胡强、王剑 / **项目地点** _ 北京市朝阳区 / **项目面积** _540 平方米

本次"IMOLA"陶瓷展厅选址北京 CBD 南端引领时尚潮流、极富创新的家居建材购物中心——十里河居然之家。设计师把空间作为载体容器，赋予展厅生命和智慧，为当地人塑造如奢侈品店一般臻贵、高雅的体验馆。在特定环境和场地创作，激发参展者对生活美学的追求，同时完成与品牌文化的精神对话。

极具简净的设计和视觉智慧的空间美学，对于千篇一律的铺面和材料展示空间，人们所期待的是一个与众不同的展厅。整个展厅由纯粹的造型，独一的材料，明亮的质感打造。尤其是如雕塑般扎根于土地再往上流转的楼梯，细细察之，设计从立体几何发展而未以有机线条类比，其隽永有秩赋予楼梯这般理性、流动、轮廓遒劲且富含生命力的动势。利用线光作出完整的回旋体验梯，将历史时空转动为优雅庄严之美。采用集装箱 container 的理念和光线附以科技调性也是空间亮点，剩余后白包裹住的展示空间，将整个场域浸入在简净智慧的气息。

整体布局串联人物的感官，通过"seeing""looking""watching"不同的视觉感受，从认知到意识的历程与"IMOLA"陶瓷和设计师进行时空的对话，使人专注地投入空间体验中……外墙盔甲般"IOMLA"专属陶瓷皮层，闪耀的黄色砖带宛若光束划破冷峻结构，传递了"IMOLA"陶瓷的臻至文化。室内墙面则用多层次喷漆涂覆雕塑性的机能与美感打造。具有优雅庄严之势的集装箱与墙面阴刻的庄重字体，这些都化成品牌语言深深印在参观者的脑海中。

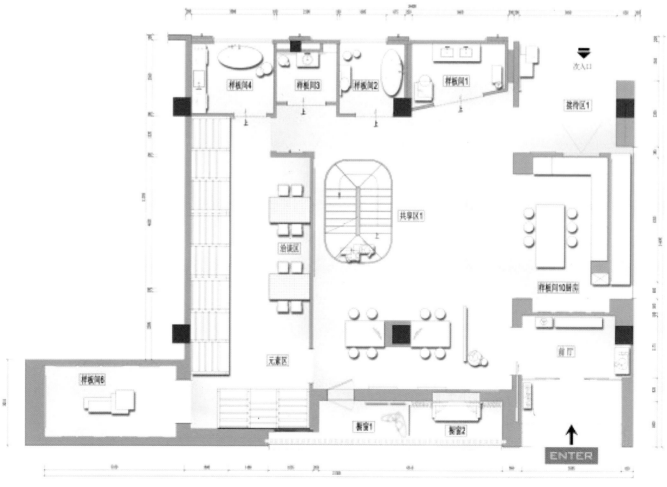

一层平面布置图

时间画像

项目名称 _ 时间画像 / **主案设计** _ 吕林林 / **项目地点** _ 江苏省南京市 / **项目面积** _ 80 平方米

商业空间有别于居住空间，如果说居住空间是生活的容器，用来安放人的情感，那商业空间必须要从产品、营销着手，挖掘提炼产品的核心价值和品牌形象，让产品、空间与消费者三者之间产生情感共鸣。

在空间规划上，我们把原来的入口动线向内向右移动，平面上形成了一个非对称的室内空间，创造出一个对外的独立展示橱窗，同时入口内退，相对安静，左右也分别创造出一个储物间和设备间。室内部分通过内建筑的方式创造出一个中间展示区，在地面、顶面、立面上做区分，同时分界出前区和后区。前区设置超大的独立展台，兼具展示和接待办公等功能，后区为办公、卫生间和产品仓库。

在空间调性营造上，立面材料选用了定制仿古铜面金属板，把玻璃橱窗和墙身很好的结合在一起，工法严谨，立面整体，与名表的精工特点一脉相承。橱窗内设置两片真丝窗帘，作为橱窗展示背景，也能有效地阻隔西面自然光对室内的干扰。整个项目基本都是定制模式，从金属板墙身到石材展台，再到隐藏式空调风口，包括入口嵌入式壁灯，亦或是一个小小的橱窗窗帘杆，只有控制了每个细小的点、线、面，才能整体上创造出一种空间体验。

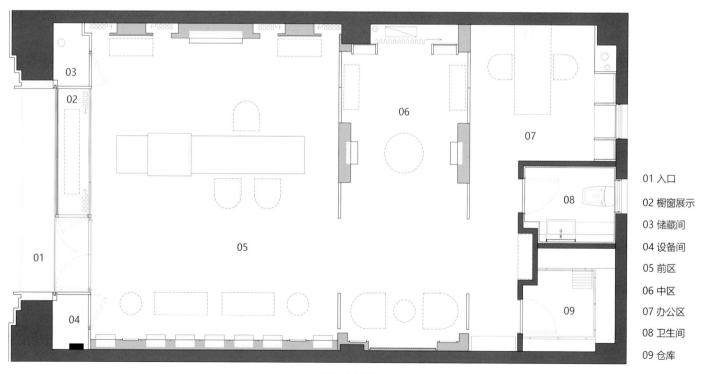

01 入口

02 橱窗展示

03 储藏间

04 设备间

05 前区

06 中区

07 办公区

08 卫生间

09 仓库

平面布置图

生活美学之OSMO
时间牧歌

项目名称_生活美学之 OSMO 时间牧歌 / 主案设计_林秋苹 / 项目地点_福建省厦门市 / 项目面积_180 平方米 / 主要材料_木

美术馆与木地板展厅的结合，以展示艺术画的形式去展示木地板是本案的定位。

美的沉淀，在于时间。岁月的累积，让木纹有了生命的轨迹。一圈圈刻画，一条条倾诉，轮回之美。于是，我们把一片片木地板挂了起来。因为，它本身便是自然的巨作。当我们凝视它们，去纵览时间无垠的宽度和生命湿润的厚度。在这个木质美学的空间里，常常让人忘记了，它本来的身份更像是张爱玲笔下"时间无垠的荒野"三三两两的木猪摆放其间，就像是荒野里的牧歌。穿过一条木质的短廊，听草木轻吟，与佛音相伴，当我们的热情从冰冷而昂贵的金属上冷却，当我们的温情自悠远而静谧的自然中回归，这样的一个空间，更适合去审视内心的需求和灵魂的渴望。我们将审美与情趣在这里妥帖安放，它不是一家木地板专卖店，它是生活的美学共赏。

在空间布局上以长廊的概念，利用正负极磁铁原理，有机地把画与木地板结合在一起。

选择阿木师傅的木地板和家具，德国 OSMO 木蜡油，都是天然环保材质。

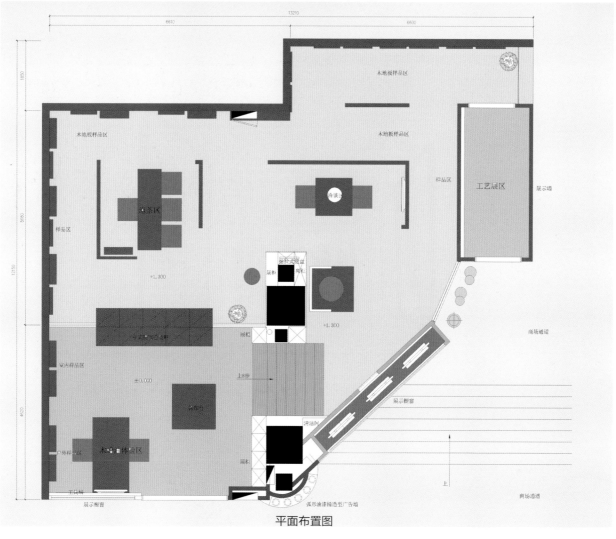

平面布置图

厦门文创定制店

项目名称 _厦门文创定制店 / **主案设计** _林嘉诚 / **参与设计** _陈治谋 / **项目地点** _福建省厦门市 / **项目面积** _100 平方米 / **主要材料** _欧松板

本案是为一间文创定制店，空间的最大功能为展厅，主要用来展示广告性、礼仪性的展品，于是设计的核心点在于如何更好地展示。

设计师将格子展架和天蓬连在一起，然后为格子展架穿上一件酷炫的定制"服装"，服装的表面呈现的是三角凹凸面的不断变化。同时，这件"衣服"作为空间的延续，包裹在展架之上，形成了展示节奏的切分。

设计师为顾客设计了安静沟通交流的空间。在靠窗的位置，人们可以坐在这里休息，或者翻看一本书，或者分享自己所见所得。空间区域看似"散"，但设计师其实对展示区、办公区、候场区、休息区进行了严格的划分，里面是办公和候场区，右边是洽谈区，前方是客人的沟通区，展品位于周围的墙面展架上。不同于传统的文创店的强烈设计手法，本案通过灯光选择、材料运用等方面，令空间体验增加温度感。首先设计师选用了欧松板这种环保的材质，在保留木质本身的颜色外，同时呈现剖面有趣的齿纹和粗糙的质感。切合设计的初衷，即在不高的造价基础上将空间的尺度和张力表现出来。

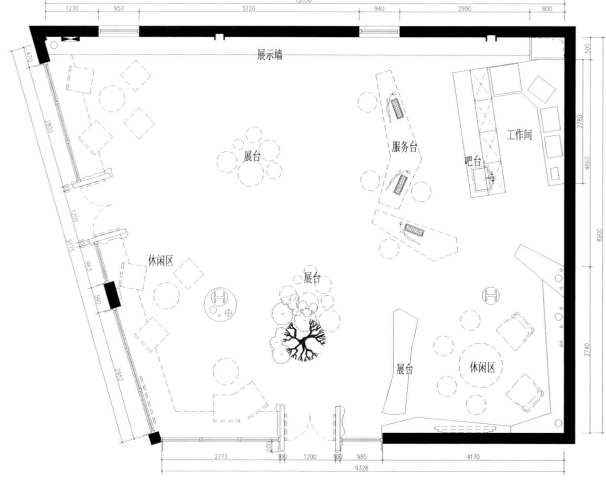

平面布置图

奇客巴士

项目名称 _ 奇客巴士 / 主案设计 _ 张枩 / 项目地点 _ 浙江省杭州市 / 项目面积 _500 平方米 / 主要材料 _ 实木、水泥、槽钢

打破了传统科技店的高冷，我们将 ChicBus（奇客巴士）做得生活化、轻灵化。在奇客巴士的店内，灯光、音乐都是非常轻松明快的。空间风格整体偏明快的工业风，比如屋檐顶、线条的切分，都是为了表现干净、利落、丰满、有触感、有体验感的空间，营造出轻松、愉悦的氛围。

进入奇客巴士店内，首先进入眼帘的，不是丰富多样的商品，而是一个类似飞机的螺旋桨。原木设计的柜台、阶梯上，十分有层次感地摆放着各类个性化的智能科技产品。在一些区域放一些古旧的电脑，会按照顺序将不同年代的电脑进行排列，这是我们在强化的概念——科技的演变史。和用户没有距离感，是奇客巴士打造空间体验的原则。

我们在 ChicBus（奇客巴士）里大量运用了实木、水泥、槽钢等生活中常用的材料，增加了一些漂亮的绿植，这拉近了人们与科技的距离，使科技不再变得冷冰冰。设置了休闲区域和咖啡区，使人们一边休闲一边体验 ChicBus 的黑科技。

流动的气泡——
珑玺珠宝艺术店

项目名称 _流动的气泡——珑玺珠宝艺术店 /**主案设计** _谢培河 /**参与设计** _邢汉钦、周倩 /**项目地点** _广东省汕头市 /**项目面积** _65平方米 /**主要材料** _大理石

珑玺珠宝艺术店位于汕头F16艺术商场，经营着时尚与富有品质感的珠宝饰品。设计师和业主都希望珑玺珠宝艺术店有别于传统的珠宝店。同时要体现业主追求潮流的经营理念。我们要建立一个具有感官体验的珠宝卖场。

打破原本静若止水的画面感。这收与放、动与静之间的平衡，创造性地表达空间的品质，同时唤起进店客人的无限遐想。是的，我们要通过我们的方式去吸引行人的眼球，体现空间在商业设计中的价值。空间整体和谐统一，动静相宜。一边平静如水，一边动如气泡，很好地平衡了理性与感性之间的关系。

在原本细小的空间中间有个大柱子，这大大地增加了空间的设计难度，而设计师巧妙地将空间的主题'流动的气泡'围绕柱子飘散在空中，将空间的缺点化为空间的亮点。

镜面的巧妙运用，延伸了空间感的同时也丰富了空间的层次感。竖向拉丝大理石来统一空间的立面与拉丝铜质感相结合，色调统一干净，空间成为了产品的背景，让无数个精美的产品展示在客人眼前。大大提高了空间与产品的品质感。地毯的运用强调了空间的舒适度，也增加了使用的安全性。

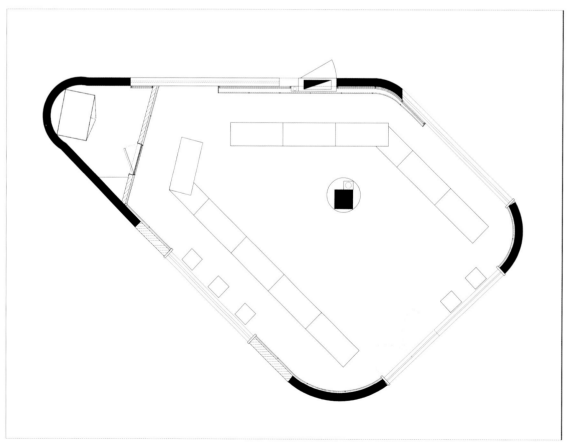

平面布置图

RUNNER CAMP

项目名称_RUNNER CAMP / **主案设计**_胜木知宽 / **参与设计**_松下晃士 / **项目地点**_上海市黄浦区 / **项目面积**_643平方米 / **主要材料**_混凝土

这个设计店铺品牌为 Urban Athletics。它是上海一家倡导健康和时尚生活方式的品牌。

城市工作者在日出时开始跑步，日落时也开始跑步。那个场景是橙色的，这是 RUNNER CAMP 品牌的颜色。RUNNER CAMP 倡导将健康和时尚融合在一起的生活方式。

在空间中重点放置一个大楼梯，可以轻松欣赏上海浦东新区上层高原与上海浦西地区的差距。

从镇上的一般工业材料中获得启发，作为我们采用的材料。将排水沟使用的金属网和展示柜的结合，这是售卖店所必需的功能。使用材料都是一般的工业材料，如吸音材料、隔热材料、混凝土相关。

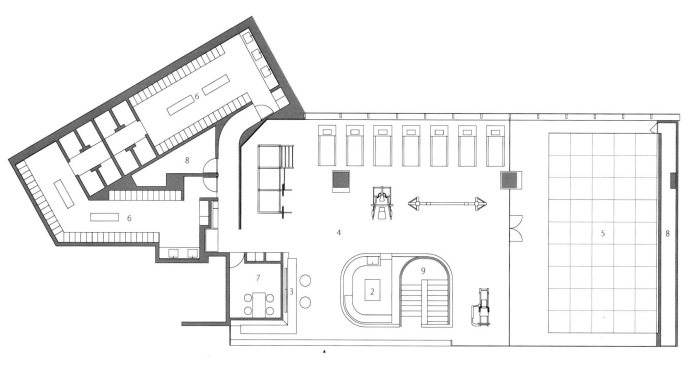

平面布置图